AF325091

Travaux projetés et en voie d'organisation à l'Observatoire de Paris,
pour la reprise des études astronomiques.

EXPOSÉ

FAIT AU MINISTRE DE L'INSTRUCTION PUBLIQUE

Par U.-J. LE VERRIER,

Directeur de l'Observatoire.

La marche de l'Astronomie française a subi quelque ralentissement dans les dernières années. Les entreprises en cours d'exécution n'ont guère fait de progrès. Les derniers volumes de nos *Annales* et de nos *Atlas* sont ceux qui ont été donnés en 1869.

Il s'agit aujourd'hui de reprendre ces grands travaux, de combler l'arriéré, de pourvoir au présent, et ainsi de réoccuper un rang digne de la France. Les astronomes de l'Observatoire de Paris sont fortement résolus à ne rien négliger pour que ce rang soit le premier. Nous sollicitons de l'État les moyens d'action indispensables.

Afin de légitimer nos demandes, nous entrerons dans les explications nécessaires pour bien définir l'objet de nos travaux, la route que nous nous proposons de suivre, le but qu'il nous faut atteindre : questions délicates et en général assez mal connues. Les études scientifiques portent désormais sur des points d'un ordre élevé et complexe, tout ce qui était facile ayant été exploré depuis longtemps. Ce n'est qu'à l'aide de recherches persévérantes, poursuivies pendant de longues années, qu'on peut espérer de dérober quelques vérités nouvelles aux mystérieuses profondeurs du ciel.

Nous nous présentons d'ailleurs forts de l'appui des collègues éminents qui composent le Conseil de l'Observatoire. Le Rapport de M. le vice-amiral

Jurien de la Gravière, fait au nom du Conseil, approuvé par lui (1), et que nous reproduisons à la suite du présent *Exposé*, aura une influence décisive.

Les recherches astronomiques peuvent se diviser en deux groupes principaux, savoir :

1° Les recherches de Physique céleste, comprenant l'examen de la nature du Soleil, de la Lune, des planètes et de leurs satellites et l'étude du mouvement de ces corps ; la découverte de mondes encore inconnus et celle des comètes ; les mouvements et la nature des étoiles ; les nébuleuses et plus généralement l'Astronomie sidérale, mine féconde et inépuisable de découvertes remarquables par leur variété et leur splendeur ;

2° Les recherches de Physique terrestre, embrassant l'étude de la figure de la Terre et des lois de la pesanteur ; les applications de l'Astronomie aux besoins de la société ; l'étude du magnétisme terrestre, des propriétés de la lumière et des phénomènes météorologiques tant réguliers qu'accidentels.

Ensemble tellement vaste, qu'il n'est point d'astronome qui pût traiter de tous ces objets avec une autorité suffisante, et qu'on ne saurait les cultiver avantageusement dans un même établissement qu'à la condition d'y réunir un nombre suffisant d'hommes spéciaux dans les différentes parties de la science. Quels que soient, au reste, ceux de nos travaux que l'on veuille considérer, ce serait une erreur de croire qu'ils se réduisent aux observations. Loin de là ; pour déduire de ces observations une vérité scientifique, il faut presque toujours les soumettre à une discussion approfondie et les comparer à une théorie : ce qui exige le plus souvent d'immenses calculs, dont la durée surpasse de beaucoup le temps consacré aux observations elles-mêmes.

---

(1) M. BELGRAND, Membre de l'Institut, Inspecteur général des Ponts et Chaussées.

M. DAUBRÉE, Membre de l'Institut, Directeur de l'École des Mines.

M. FIZEAU, Membre de l'Institut.

M. JANSSEN, Membre de l'Institut et du Bureau des Longitudes.

M. le Vice-Amiral JURIEN DE LA GRAVIÈRE, Membre de l'Institut, Directeur général du Dépôt des Cartes et Plans de la Marine, *Rapporteur*.

M. TRESCA, Membre de l'Institut, Sous-Directeur du Conservatoire des Arts et Métiers.

M. WOLF, Astronome à l'Observatoire.

M. LOEWY, Membre de l'Institut et du Bureau des Longitudes, Astronome à l'Observatoire.

M. GAILLOT, Astronome-adjoint à l'Observatoire.

M. BAYET, Astronome-adjoint à l'Observatoire, *Secrétaire*,

M. LE VERRIER, Membre de l'Institut et du Bureau des Longitudes, Directeur de l'Observatoire, *Président du Conseil*.

OBSERVATIONS ASTRONOMIQUES.

Nous placerons en première ligne les observations où l'astronome, ayant surtout en vue de préparer des matériaux pour l'étude des lois et des mouvements célestes et de la nature intime des forces qui régissent le monde, met en œuvre les procédés les plus précis que puissent fournir la Mécanique et la Physique pour obtenir avec la dernière exactitude les situations relatives des astres. Il fixe les positions des étoiles par rapport à l'équateur et les emploie ensuite comme termes de comparaison pour étudier les mouvements du Soleil, de la Lune et des planètes. Par des mesures micrométriques, il relie les satellites aux planètes elles-mêmes et détermine les positions relatives des étoiles doubles.

Ce genre d'observations, dont l'ensemble appartient à l'Astronomie de précision, tient le premier rang dans la science. La contemplation attentive et la description du ciel ont sans doute donné et produiront encore de grandes découvertes physiques. La mesure du mouvement des astres nous a révélé les lois qui régissent l'harmonie des cieux : elle a été le point de départ du puissant essor qu'a pris dans les deux derniers siècles le génie scientifique de l'homme.

Nous regrettons que les limites dans lesquelles nous devons renfermer ce Rapport ne nous permettent pas d'exposer avec détail la suite des principales découvertes dues aux travaux de l'Astronomie de précision; c'est un ensemble plein du plus vif intérêt.

Dans l'Astronomie stellaire, le plus habile observateur de l'École d'Alexandrie, Hipparque, découvre, il y a deux mille ans, le phénomène de la précession et constate que la ligne des pôles du globe que nous habitons décrit en vingt-six mille ans, autour du pôle de l'écliptique, un cercle dont le diamètre embrasse 47 degrés de la sphère.

Deux siècles et demi plus tard, Ptolémée reconnaît la grande inégalité du mouvement lunaire, l'évection.

Tycho-Brahé, à son tour, crée le magnifique Observatoire d'Uranibourg, y perfectionne l'exactitude des observations et constate la seconde inégalité du mouvement lunaire, la variation.

Képler, partant des observations de Tycho et se fondant sur leur admirable précision, découvre les lois immortelles qui portent son nom et prépare la venue de Newton.

Bradley, le plus puissant des observateurs modernes, reconnaît que chacune des étoiles du ciel paraît douée d'un mouvement en vertu duquel elle parcourt pendant une année la circonférence d'une petite ellipse, et il découvre ainsi le phénomène de l'aberration de la lumière.

Le même astronome, poursuivant ses observations, découvre une autre inégalité du mouvement des étoiles et en conclut l'existence d'un balancement de l'axe de la Terre qui a reçu le nom de mutation, et dont la période est de 18 ans et demi.

Ce dernier phénomène, étant lié à l'action de la Lune et à l'aplatissement de notre globe, tombe alors dans le domaine des sciences mathématiques. Les géomètres s'en emparent et établissent qu'on en peut déduire la masse de la Lune, en conclure des données pour la théorie des marées, et en tirer un renseignement sur la constitution intérieure de notre planète.

Herschel reconnaît, par l'étude des positions des étoiles, que le Soleil, avec son cortége de planètes, va se dirigeant vers un point de la constellation d'Hercule avec une vitesse comparable à celle de la Terre dans son orbite. Toutes les étoiles, jadis réputées fixes, sont douées de mouvements propres, que l'action des masses stellaires modifiera avec le temps et en vertu desquels changeront toutes les constellations.

En discutant les observations de la plus magnifique étoile du ciel, Sirius, comparée pendant cent ans aux étoiles des constellations du Taureau, d'Orion et des Gémeaux, Bessel constata dans la première étoile un mouvement d'oscillation particulier et très-prononcé ; phénomène inexplicable, sinon en admettant que Sirius est soumis à l'influence d'un corps de dimensions considérables auquel il est enchaîné par les lois de la gravitation. La position de ce corps secondaire, son mouvement furent établis avec précision par l'astronome de Kœnigsberg, et, lorsqu'on parvint à découvrir ce second soleil de Sirius, on ne trouva rien à modifier dans les prévisions qui l'avaient fait connaître. Cette constatation physique du compagnon de Sirius, qui l'a classé au même rang que les autres astres, n'était nullement nécessaire et lui a ôté de l'auréole poétique qui s'attachait à lui.

Si ce qui précède ne devait pas suffire, et au delà, pour démontrer l'importance de l'Astronomie de position, nous eussions cité son rôle dans les recherches sur la figure de la Terre, ainsi que dans l'étude des mouvements du Soleil et des planètes; nous aurions rappelé l'immense série d'observations faites sur la Lune et qui ont permis de donner à la théorie de notre satellite une perfection nécessaire aux navigateurs ; mais nous y reviendrons.

Exposons présentement quelle est notre situation à l'égard de l'Astronomie de précision et les conditions nécessaires pour que la France y puisse soutenir sa vieille renommée scientifique.

Observations méridiennes.

Le mouvement diurne de la Terre sur elle-même serait resté pour les astronomes la source de difficultés insurmontables, dans la mesure des positions relatives des astres, si Rœmer n'avait conçu et réalisé l'idée de faire servir ce mouvement même à la détermination des ascensions droites et de changer ainsi l'obstacle en un précieux avantage. Par suite du mouvement diurne et uniforme de la sphère céleste, tous les astres venant à passer successivement, en vingt-quatre heures, au méridien d'un Observatoire, il suffit de déterminer les différences des heures des passages pour conclure la distance angulaire des méridiens célestes de ces astres. En joignant à cette détermination les mesures des distances polaires, effectuées également dans le méridien, la position de chaque astre se trouve nettement fixée dans le ciel.

Ainsi, l'observation du passage des astres derrière quelques fils tendus au foyer de nos lunettes, telle est l'unique ressource de l'Astronomie méridienne; c'est cette simplicité même qui en fait la précision.

Il y a loin toutefois, on le conçoit, de ces constatations élémentaires aux déductions par lesquelles on conclut, en dernière analyse, aux lois des mouvements des corps connus, aux quantités de matière répandues dans le ciel et à l'existence d'astres encore ignorés.

Il nous faut jalonner cette route attentivement, en faire bien connaître la longueur et les difficultés, afin d'établir quelles sont les ressources nécessaires pour qu'on puisse s'y engager sans imprudence. Nous aurons à parler successivement des instruments, du calcul des observations et de leur comparaison avec les théories de la Mécanique céleste.

Rœmer, à qui l'Astronomie doit l'invention de la lunette méridienne, invention remontant à la fin du XVIIe siècle, passa plusieurs années à l'Observatoire de Paris. Très-malheureusement il lui fut impossible de faire accepter ses idées par Cassini; la résistance de cet astronome priva notre pays de l'honneur d'inaugurer une grande et longue série d'observations propres à donner de nouveaux fondements à l'Astronomie. Une telle faute devait peser sur l'Observatoire de Paris pendant plus d'un siècle.

Pourvu, en 1750, de la charge d'astronome royal près l'Observatoire de Greenwich, Bradley se hâta d'y installer une lunette méridienne, construite par Shelton, et avec laquelle il commença et poursuivit jour et nuit, pendant douze ans, un admirable cours d'observations régulières. L'astronome a besoin, pour fonder ses théories, des observations anciennes tout autant que des nouvelles ; l'initiative prise par Bradley a donc assuré à l'Angleterre l'avantage de fournir à la science l'une de ses bases.

L'exemple de Bradley ne profita pas à l'Observatoire de Paris ; et, tandis que Maskelyne continuait courageusement et sans interruption l'œuvre entreprise par Bradley, cinquante années s'écoulèrent, pendant lesquelles les astronomes de notre Observatoire ne laissèrent à la science que bien peu d'utiles observations.

Ce fut seulement en 1800 que, Bouvard ayant été appelé à l'Observatoire de Paris, sous le patronage de l'illustre Laplace, une lunette méridienne y fut enfin installée. On commença une série d'observations des passages et on les continua jusqu'en 1828 ; mais, il faut bien le reconnaître, parce que c'est un fait incontestable acquis à la science, ces observations demeurèrent au-dessous, pour la précision, de ce qu'avait fait Bradley un demi-siècle auparavant : aussi en a-t-on tiré fort peu de chose. Vers 1828, les observations furent interrompues.

Regrettables exemples, que nous devons avoir sans cesse présents lorsque nous renvoyons au lendemain la réalisation des améliorations nécessaires ! Ce lendemain, ce sont trop souvent de longues années, plus d'un siècle quelquefois.

Vers 1830, cependant, notre illustre prédécesseur fit construire une belle salle méridienne, dans laquelle il installa successivement trois grands instruments : un cercle de Fortin, une lunette méridienne et un cercle de Gambey. La série des observations régulières, commencée au 1ᵉʳ janvier 1837, n'a pas été discontinuée depuis.

Cette installation, due à M. Arago, réalisa un grand progrès ; mais bientôt, en face des nécessités nouvelles de l'Astronomie, elle devint insuffisante. Le pouvoir optique des lunettes, qu'on avait dû croire assez fort au moment de la construction, se trouva trop faible dès qu'il s'agit de pourvoir aux observations des petites planètes découvertes entre Mars et Jupiter.

En présence de ces exigences, Greenwich modifia résolument son installation et remplaça ses vieux instruments méridiens par un magnifique instrument dont la lunette a 8 pouces anglais d'ouverture. Après quoi, l'éminent astronome royal, notre excellent confrère M. Airy, nous proposa de partager le travail d'observation des petites planètes entre les deux Observatoires de Paris et de Greenwich.

Cette honorable demande ne laissa pas de nous inquiéter ; mais, prenant notre parti, nous nous occupâmes sans retard d'établir à notre tour un grand instrument méridien. Toutefois, devrait-on se borner à donner à la lunette une ouverture de 8 pouces comme à Greenwich ? Non. Du moment qu'on se décidait à établir un nouvel instrument, il fallait que, ne laissant rien à désirer sous aucun rapport, sa force optique fût immédiatement portée jusqu'à la limite qu'on peut atteindre sans que l'exactitude en souffre. On ne serait point exposé alors à voir les étrangers nous dépasser dès le lendemain de notre nouvelle installation.

Ce grand et magnifique instrument méridien, doté d'une lunette d'une ouverture de 9 pouces français, a été réalisé; c'est une splendide construction, digne de l'attention de tous ceux qui aiment la précision dans les sciences. C'est un instrument *unique* dans le monde, a écrit notre confrère M. Serret.

Dès qu'il fut installé, la coordination du travail, réclamée par M. Airy, fut établie entre Paris et Greenwich. Notre confrère d'Angleterre approuvera certainement que nous nous félicitions du rôle de la France dans cette entreprise commune.

Malgré ces progrès, il est un point qui nous inquiète et sur lequel on nous fait des objections que nous voudrions pouvoir écarter.

Les hauteurs apparentes des astres au-dessus de l'horizon sont influencées par les réfractions dues à la présence de l'atmosphère; il faut, pour pouvoir discuter exactement un système d'observations, savoir les dépouiller de cette cause d'erreur. Les astronomes ont construit à cet effet des théories et des tables très-précises, mais dont l'exacte application suppose que les couches d'égale densité de l'air au travers desquelles on observe soient horizontales. Si cette condition capitale n'est pas remplie, l'effet de la réfraction ne peut être déterminé avec exactitude : les résultats des observations restent entachés d'incertitude.

Or la salle méridienne de l'Observatoire de Paris laisse à désirer sous ce rapport. Nous avons dit qu'elle était fort belle : trop belle, aurions-nous dû ajouter. L'architecte a eu une trop grande part dans son érection. Elle est trop massive et non assez aérée; par suite de l'épaisseur de ses murailles et de son plafond, elle s'échauffe plus lentement que l'air et pendant le jour sa température est moins élevée que celle de l'air extérieur. C'est le contraire pendant la nuit. Il est donc trop certain que les dernières couches d'air, au travers desquelles nous observons, sont rarement horizontales. C'est un inconvénient auquel nous demandons de pouvoir remédier.

Comme c'est surtout dans les observations de hauteurs au cercle que l'inconvénient se fait sentir, il suffirait de prendre l'un des deux cercles, celui de Fortin ou celui de Gambey, et de l'établir au centre du jardin, avec un abri très-léger, en planches ou même en toile, et qui laissât l'instrument dans la même condition que s'il était en plein air.

Telle est, en dehors de quelques améliorations de détail, la seule modification importante de nos instruments méridiens que nous ayons à réclamer ; mais elle est capitale, si nous voulons nous soustraire aux dernières objections qu'on voudrait faire à nos Catalogues.

Lorsqu'on voudra estimer le nombre d'observateurs nécessaires pour tirer le meilleur parti de cette belle installation, il ne faudra pas perdre de vue les considérations suivantes :

Le service des observations méridiennes doit être continué pendant le jour. C'est à midi que s'observe la position du Soleil. Les Tables du Soleil employées dans les éphémérides françaises et étrangères sont dues à l'Observatoire de Paris, et il lui appartient de perfectionner son œuvre. L'exactitude des Tables solaires, auxquelles est consacré le tome IV de nos *Annales*, est la base de toute l'Astronomie.

C'est très-souvent pendant le jour aussi que s'observe le passage de la Lune au méridien. Les observations de cet astre nous sont sans cesse réclamées par les marins pour la discussion des observations relatives à la détermination des différences de longitude, et quand nous ne pouvons les leur fournir ils sont contraints de les demander à Greenwich.

Mercure et Vénus aussi s'observent au méridien pendant le jour.

Mercure, il est vrai, n'a d'intérêt que pour la science pure, mais cet intérêt est considérable. En étudiant les mouvements de cette planète, les astronomes de l'Observatoire de Paris y ont reconnu une inégalité dont la cause n'a pas été physiquement constatée, mais qui tient sans doute à la présence de masses encore inconnues circulant entre Mercure et le Soleil. La théorie et les Tables de Mercure, Tables acceptées dans toutes les éphémérides, figurent au tome V de nos *Annales*.

Vénus, qui préoccupe si fort l'opinion publique, ne saurait être laissée de côté ; et toutefois l'intérêt que nous lui portons s'appuie sur des considérations plus scientifiques et qui se lient étroitement aux services que rendent à l'Astronomie les observations méridiennes. Lorsque le célèbre ami de Newton, Edmond Halley, recommandait l'observation des passages de Vénus devant le disque du Soleil, pour la détermination de la parallaxe du Soleil, dont on déduit la distance de cet astre à la Terre, les grandes séries d'observations méridiennes n'avaient point encore été installées ; mais aujourd'hui, qu'on possède cent vingt années de ces observations, l'astronome en peut conclure la parallaxe du Soleil avec toute l'exactitude nécessaire, sans sortir de son cabinet et sans avoir besoin pour cela d'aller courir les mers. Nous y reviendrons.

C'est aux astronomes du service méridien qu'est confié le soin, pendant une demi-lunaison, d'observer les cent trente-deux petites planètes. Nul ne voudrait que nous fissions moins bien que nos collègues d'Angleterre, qui nous remplacent pendant la seconde partie de la lunaison. Les observations faites dans les deux Observatoires figurent à la fin de l'année dans les publications de l'un et de l'autre établissement et dans leur ordre de date.

C'est encore au service méridien qu'il appartient de donner satisfaction aux demandes qui nous sont adressées pour la détermination précise des longitudes géographiques. En ce moment même, quatre opérations sont projetées.

La Conférence géodésique internationale nous demande, par l'organe de M. Oppolzer, de déterminer la différence de longitude entre Vienne et Paris. Il sera établi dans les deux localités des instruments de pouvoir identique ; les pendules des deux stations seront comparées au moyen de signaux transmis par les fils télégraphiques. Pour l'élimination de ce qu'on appelle les erreurs personnelles, il sera nécessaire qu'à une série d'observations correspondantes, faite par les astronomes de Vienne et de Paris, observant chacun dans leur Observatoire, succède une série d'observations correspondantes entre l'observateur de Vienne qui se sera transporté à Paris et l'observateur de Paris qui se sera transporté à Vienne.

Les Observatoires de Marseille et de Toulouse réclament de nous une pareille détermination.

Le corps d'État-major propose de fixer par les mêmes voies la longitude d'Alger, en tirant parti du câble transméditerranéen. Les officiers de ce corps ont, en effet, dressé la carte géodésique de l'Algérie en rapportant les unes aux autres les différentes parties de ces belles provinces, mais le point de départ du méridien principal par rapport au méridien de Paris est incertain ; il faudra le déterminer.

Mais c'est surtout lorsque nous en viendrons à l'exposé de la construction de nos catalogues qu'on jugera mieux de la grandeur de la tâche imposée aux observateurs du service méridien.

Ajoutons encore que les exigences du service des Observatoires des départements nous dépouillent souvent de nos observateurs quand ils sont formés : ce qui nous oblige à en accroître le nombre, puisque les élèves ne comptent pas. Le Directeur de l'Observatoire de Marseille, M. Stephan, celui de l'Observatoire de Toulouse, M. Tisserand, ont été empruntés à notre service méridien. Nous les regrettons l'un et l'autre.

Les observations une fois effectuées, il faut les calculer. De la constatation brute des passages des astres par les fils placés au foyer des lunettes, on doit conclure les positions dans le ciel, c'est-à-dire les distances à l'équateur et à l'équinoxe au moment de l'observation.

La distance à l'équinoxe se tire des instants des passages aux fils de la lunette méridienne. Il faut pour cela connaître la position de l'instrument, ce qui s'obtient par une discussion approfondie des observations du niveau, de la mire et des passages des étoiles circompolaires qu'on a eu soin d'observer chaque jour; car il n'y a rien d'absolument stable dans nos instruments : on y constate toujours quelque petite erreur, de laquelle il faut corriger les observations par un calcul.

La pendule, à son tour, n'a aucun sens par elle-même : il faut, par les observations mêmes des passages des étoiles, déterminer son erreur à un moment donné et le mouvement horaire de cette erreur.

Après cela seulement l'astronome est en mesure, par une nouvelle comparaison, de conclure les positions des astres qu'il a observés.

Les distances des astres à l'équateur se tirent des observations faites au cercle par une discussion analogue, mais que la nécessité de tenir compte des réfractions rend plus pénible.

Le travail de réduction que nous venons d'exposer est confié aux observateurs eux-mêmes : ils l'exécutent pendant les mauvais temps. Il est indispensable que ce soient eux qui en soient chargés, pour qu'ils puissent apprécier le plus ou moins d'exactitude de leurs déterminations; mais là s'arrête leur intervention.

Les positions des astres, au moment de l'observation, se trouvant ainsi établies, il s'en faut de beaucoup que le volume des *Observations* annuelles, dont tous les décrets ont prescrit avec raison la publication, soit prêt pour l'impression. Et c'est ici que nous nous trouvons amenés, pour la première fois, à constater la nécessité d'un Bureau de Calculs, dont la forte constitution est essentielle à l'activité de l'Observatoire.

S'agit-il, en effet, des étoiles, le même astre aura été observé plusieurs fois pendant l'année, et chaque astronome en aura déterminé la situation au moment de son observation. Il reste à rapprocher ces divers résultats, ce qui exige qu'on leur applique une transformation propre à les rendre comparables, en les ramenant tous à une même époque de l'année, le 1ᵉʳ janvier. C'est ainsi qu'on arrive à donner la Table qui résume le travail de l'année et est intitulée : *Ascensions droites et distances polaires des étoiles, conclues de l'ensemble des observations de l'année.*

Un pareil travail doit être fait pour le Soleil, la Lune et les planètes. A cause du déplacement rapide de ces astres, il n'y a pas ici de résumé possible : il faut donner leurs positions jour par jour; mais on doit comparer ces positions à celles qu'on déduit de la théorie et préparer ainsi la détermination des rectifications que cette théorie peut réclamer.

C'est le Bureau des Calculs qui prépare et fournit aux observateurs les positions des étoiles, base des réductions que nous avons exposées.

C'est ce Bureau qui prépare et surveille l'impression du tome annuel des *Observations*; travail considérable lorsque, l'Observatoire étant en pleine activité, le volume annuel n'a pas moins de 800 pages grand in-4°.

On ne s'étonnera pas qu'un tel volume, composé en entier de chiffres, soit d'un prix fort élevé.

Le labeur dont nous venons d'exposer l'ensemble est sans doute considérable, et cependant nous sommes loin d'être arrivés au terme où le travail de l'astronome prend enfin un rang définitif dans la science. A quoi servirait-il d'avoir accumulé pendant de longues années d'immenses séries d'observations, si l'on ne devait, en les donnant pour bases à des travaux théoriques sérieux, ajouter à nos connaissances quelques-unes de ces vérités dont l'ensemble constitue la science même. Assurément ceux-là rendent de grands services qui publient de nombreuses et bonnes observations et s'en tiennent là, laissant à d'autres le soin d'en déduire des déductions philosophiques. Ce rôle limité ne conviendrait pas toutefois à notre pays, dont la plus grande gloire scientifique a été acquise dans les travaux de la théorie. Examinons donc avec résolution ce qu'il nous reste à faire pour porter nos travaux au niveau scientifique le plus élevé.

Nous traiterons des étoiles et ensuite des planètes.

Les étoiles furent, au commencement des études astronomiques, appelées *les fixes* : on supposait qu'elles n'avaient aucun mouvement propre, mais c'était une erreur, et, dès que les instruments furent suffisamment perfectionnés, on reconnut qu'un grand nombre d'étoiles se déplaçaient dans le ciel.

Les vrais principes de la Mécanique une fois établis, il n'était pas possible de douter que tous ces soleils qui peuplent les cieux ne fussent doués de vitesses propres qui les entraînent avec une grande rapidité au travers des espaces. Ils doivent d'ailleurs obéir aux attractions des grandes masses stellaires, dont on constate l'existence par milliers. Leur route, qui paraît aujourd'hui rectiligne, s'infléchira peu à peu sous l'action de ces masses, et chacun d'eux arrivera à se mouvoir dans une orbite d'une complication extrême, en offrant aux astronomes des époques reculées des problèmes qui, quant à présent, paraissent devoir rester toujours inaccessibles à l'esprit humain. Ces considérations ne doivent pas nous empêcher de travailler à la préparation des recherches de l'avenir; au contraire. Nos devanciers nous ont légué une masse d'observations dont ils croyaient que nous serions fort embarrassés. Képler et Newton y ont introduit l'ordre en partie; mais, cela fait, Newton lui-même douta non-seulement que l'intelligence limitée de l'homme pût suffire indéfiniment à calculer les mouvements des astres, mais encore que l'harmonie pût se maintenir d'elle-même dans les cieux. Or les successeurs de Newton ont montré que rien de pareil n'était à craindre; ils ont prouvé qu'en vertu de sa constitution notre système planétaire était parfaitement stable. Les géomètres des siècles futurs perfectionneront à leur tour l'analyse de Lagrange et de Laplace, étendront aux divers systèmes stellaires les résultats obtenus à l'égard du système planétaire (1).

L'avenir de l'Astronomie exige donc que les diverses étoiles soient observées d'année en année et pour ainsi dire indéfiniment. L'Astronomie dispose, pour un certain nombre d'entre elles, de cent vingt années d'observations faites dans divers Observatoires, et qui ont été cataloguées systématiquement. On peut comparer leurs positions aux diverses époques et c'est ainsi, avons-nous dit, que Bessel découvrit le compagnon de Sirius.

L'Observatoire de Paris possède trente-six années d'observations suivies des étoiles, depuis 1837 jusqu'à 1872. Les observations de chaque année ont été réduites et publiées en vingt-trois volumes dont le premier a été donné en 1856. Nous travaillons à combler l'arriéré de la réduction et de la publication des dernières années.

Mais il nous reste à donner un catalogue général où, cette immense richesse étant classée et appréciée, on sache bien en quoi elle consiste et les services qu'on en peut tirer. Tant que ce catalogue n'aura pas été construit et publié, la majeure partie des travaux de l'Observatoire de Paris sont, pour les astronomes, comme nuls et non avenus.

Nous demandons donc avec les plus vives instances d'être mis à même de travailler à cette œuvre capitale. Nous le demandons au nom de nos collaborateurs, au nom du Conseil de l'Observatoire, au nom de la science française, au nom de nos collègues de l'étranger.

C'est d'ailleurs un immense travail, qui occupera une grande partie d'entre nous

---

(1) A la condition toutefois que le refroidissement du Soleil ne vienne pas tout arrêter, événement dont la réalisation nous paraît fort probable. Le ciel renferme un nombre immense d'étoiles visibles; il y en a sans doute cent fois davantage, mais qu'on ne voit plus, parce qu'elles sont éteintes.

pendant de longues années, mais dont l'accomplissement constituera une œuvre digne de la science française et dont on pourra se féliciter.

Examinons et jalonnons la route à suivre.

Au lendemain du jour où les moyens d'exécution nous auront été assurés, le Bureau des Calculs s'empare des trois cent mille observations déjà faites ; il classe les différentes étoiles suivant les heures de leurs passages au méridien et suivant leurs distances au pôle, et arrive ainsi à rapprocher toutes les observations d'un même astre.

Il établit pour chacun de ces astres les formules de son mouvement apparent d'après la théorie de la précession et compare aux observations.

Il en conclut les mouvements propres, signale les anomalies qui s'y rencontrent et prépare l'impression du catalogue systématique.

Cependant, il faut le dire, ces trois cent mille observations dont nous disposons laissent dans le ciel des lacunes considérables, les astres qui s'y peuvent rencontrer n'ayant pas été observés. La connaissance de ces lacunes ne peut résulter que du travail de coordination auquel on se sera d'abord livré ; mais, dès qu'elles seront dénoncées, il appartiendra aux astronomes du service méridien d'y pourvoir, en étudiant ces parties du ciel ; ils devront d'ailleurs revoir attentivement tout ce qui aura offert une anomalie : cette révision sera, sans aucun doute, le sujet de plus d'une découverte.

Et ce serait une erreur de croire que ce travail des observateurs, parallèle au travail théorique, sera d'une mince importance. Avec les travaux courants dont nous avons déjà parlé, il nécessitera la présence de huit observateurs habiles, zélés et dévoués.

La coordination d'un aussi vaste travail, qui fixera la constitution du ciel à notre époque, est l'objet de nos plus vives préoccupations. La révision qu'il s'agit d'opérer pour donner à notre œuvre l'exactitude indispensable devra être suivie d'une façon systématique ; sinon on n'en finirait pas.

L'astronome, l'œil à une lunette fixe, laissera passer successivement les diverses étoiles qui se présenteront et en constatera la position. Notre grand instrument méridien sera très-propre à cet usage ; on y déterminera rapidement toutes les étoiles comprises dans une même zone d'environ 20 minutes de largeur.

Toutefois cet instrument ne nous suffirait pas et la durée du travail, déjà fort longue, serait plus que doublée si nous ne lui adjoignions un second instrument appliqué à la vérification du travail du premier, à mesure que celui-ci sera effectué. On ne peut en effet jamais se contenter d'une seule observation non contrôlée :

il en faut une seconde, et qui soit faite sans désemparer, s'il est possible. On évitera ainsi beaucoup de chances d'erreur et l'on économisera presque tous les calculs de comparaison.

Pour atteindre ce but, le second instrument qui nous est nécessaire est une sorte d'équatorial proposé par notre collaborateur du service méridien, dont la construction est déjà avancée au *tiers* et qu'il importe d'achever.

Le catalogue stellaire ainsi constitué sera publié suivant les heures d'ascensions droites, à raison de deux heures et d'un volume par année. La publication des deux premières heures se ferait donc dans un avenir peu éloigné et le travail pourrait être achevé en douze ans.

En Astronomie plus qu'ailleurs on n'arrive point à de grands résultats sans beaucoup de peine et de temps. Nous sommes heureux que le travail actuel se présente dans des conditions où l'on peut l'étudier, le rédiger et le publier par parties. Les résultats successivement acquis maintiendront le zèle de nos collaborateurs et permettront à l'État de juger dès l'abord si les ressources que nous réclamons auront été utilement employées.

Il nous reste à traiter des théories planétaires et de leur comparaison avec l'ensemble de nos observations.

Entre la simple observation du passage d'un astre par le méridien et la dernière opération théorique par laquelle on en conclut soit la vérification des éléments de l'orbite que l'astre décrit autour du Soleil, soit les données relatives aux actions secondaires, la distance à parcourir est très-grande. Nous pouvons la diviser en trois sections distinctes. Dans *la première*, on calcule les ascensions droites et les déclinaisons d'un astre en s'appuyant uniquement sur les données de la théorie. Dans *la deuxième*, on réduit l'ensemble des observations pour en tirer les ascensions droites et les déclinaisons. Dans *la troisième*, enfin, on cherche les corrections qu'il est nécessaire d'apporter à la théorie pour faire concorder les positions qu'elle assigne aux astres avec celles qui résultent des observations. Mais chacune de ces parties du travail est elle-même fort complexe. Bornons-nous à le faire comprendre par un seul exemple, et, laissant de côté tout ce qui concerne les étoiles, la détermination des constantes de la précession, de la nutation et de l'aberration, la théorie sans fin de la Lune, et, en général, les satellites, considérons le travail exigé par la théorie des mouvements d'une seule planète, la Terre, pour fixer les idées.

La connaissance du mouvement de la Terre autour du Soleil exige qu'on détermine la situation du plan dans lequel elle se meut, la forme et la position de l'ellipse qu'elle parcourt dans ce plan, enfin le lieu de la Terre à une époque connue et la durée de sa révolution autour du Soleil. Les données nécessaires à cet objet sont ce qu'on nomme les *éléments* de l'orbite terrestre.

Ces *éléments* resteraient invariables si la Terre se trouvait seule en présence du Soleil : la détermination du mouvement héliocentrique de notre planète serait alors assez simple. Mais les perturbations produites par les actions des autres planètes changent le problème et le compliquent beaucoup. Le développement analytique des perturbations est extrêmement laborieux : dans un travail où nous l'avons poussé jusqu'au septième ordre, il ne s'est pas rencontré moins de quatre cent soixante-neuf termes distincts par leur forme ou par celle des coefficients dont ils dépendent ; coefficients qui contiennent d'ailleurs une même variable à laquelle on doit attribuer un certain nombre de valeurs entières, ce qui multiplie le nombre des termes. Enfin nous avons montré qu'il est quelquefois nécessaire d'aller jusqu'au onzième ordre, et au delà. Ce travail analytique une fois exécuté, il reste à en faire l'application aux données particulières à la Terre, et conformément aux valeurs admises pour les masses des planètes perturbatrices ; or cette application numérique est elle-même très-longue et délicate. Les perturbations étant représentées analytiquement par des séries multiples, il faut choisir avec soin ceux des termes qui peuvent être sensibles, et éliminer du calcul, par un examen attentif, ceux qui peuvent être négligeables, de manière à éviter d'omettre aucun terme important, sans cependant tomber dans des opérations numériques interminables. On parvient ainsi à des formules numériques dans lesquelles le temps reste seul indéterminé, et qui permettront, en attribuant à cette variable des valeurs convenables, de calculer à toute époque les changements que les perturbations font subir aux coordonnées héliocentriques de la Terre.

Les formules des perturbations étant ainsi obtenues, leur complication est encore trop grande, à cause des termes nombreux qu'elles renferment, pour qu'il soit possible de les appliquer directement au calcul de toutes les positions qu'on peut avoir à considérer. On construit donc des *Tables* au moyen desquelles on abrége le calcul nécessaire pour trouver la position héliocentrique de la planète, et qui, donnant le même résultat qu'on obtiendrait au moyen des formules, sont d'un usage plus rapide. La formation des Tables demande, à son tour, de longs calculs ; mais, tandis que la détermination des formules des perturbations ne peut être confiée qu'à un habile astronome, la construction des Tables peut, dans de certaines limites, être abandonnée à de simples calculateurs.

Comme les astronomes répètent leurs observations autant de fois qu'ils le peuvent, pour arriver à une compensation des erreurs inhérentes à toute mesure individuelle, on calcule, à l'avance, des *éphémérides* des positions des astres pour tous les jours de l'année. Les Tables dont nous venons de parler font connaître les positions des planètes telles qu'elles seraient vues du centre du Soleil. Mais l'observateur est situé sur la Terre : il est donc encore nécessaire de passer des positions *héliocentriques* obtenues par la théorie aux positions *géocentriques* correspondantes, c'est-à-dire à celles qui pourront être directement comparées aux observations. Cette dernière opération nécessite la résolution trigonométrique d'un triangle rectiligne pour chaque position que l'on considère.

Ainsi donc la détermination des ascensions droites et des déclinaisons des planètes par la théorie nécessite quatre opérations : 1° le développement analytique des formules conformément au principe de la gravitation universelle ; 2° l'application de ces formules aux données relatives à chacune des planètes ; 3° la formation des Tables des mouvements héliocentriques ; 4° la construction des éphémérides des positions héliocentriques et géocentriques.

Reste enfin à tirer des conclusions au moyen de la comparaison des positions théoriques avec les positions observées. La formation des équations de condition nécessaire pour cet objet est un travail matériel qui n'offre d'autre difficulté que la longueur des calculs, quand le nombre des observations à comparer est considérable. La discussion des équations est, au contraire, très-délicate : elle réclame toute la sagacité de l'astronome ; elle exige aussi que, sans accorder une confiance aveugle aux méthodes générales de résolution, il se fraye, suivant les circonstances, une route nouvelle et propre à le conduire à la connaissance des vérités qu'une grande habitude de la discussion scientifique peut seule lui faire entrevoir.

L'Observatoire est, à l'égard de cette partie de ses travaux, assez avancé. Les formules générales des théories ont été développées. Il en a été fait application aux inégalités séculaires des planètes, à la théorie de la précession et à la détermination des positions des étoiles fondamentales, autant qu'il était nécessaire pour en déduire les positions des planètes. Ces recherches occupent deux volumes de nos *Annales*.

Ces bases générales une fois établies, il en a été fait application à la théorie du mouvement du Soleil. Toutes les observations existantes de cet astre ont été comparées, et l'on est parvenu à mettre la théorie en parfait accord avec les observations. Il en est résulté des Tables qui, ainsi que nous l'avons dit, servent à la rédaction de la *Connaissance des Temps* et à celle des *Éphémérides étrangères*.

Le même travail a été complètement effectué pour les planètes Mercure, Vénus et Mars. Les théories ont été établies, elles ont été comparées aux observations : on en a déduit des Tables qui sont imprimées dans nos *Annales*, et qui ont été adoptées pour la construction des *Éphémérides astronomiques*.

C'est par là qu'on a reconnu cette inégalité encore inexpliquée du mouvement de Mercure dont nous avons parlé.

A l'égard de Vénus, la théorie et l'observation ont pu être mises d'accord.

Le travail relatif à la planète Mars nous conduisit à cette conclusion importante, qu'il devait y avoir, soit en deçà, soit au delà de la planète, une quantité de matière encore inconnue et qui était nécessaire pour pouvoir rendre compte des mouvements de Mars. La justesse de cette conclusion a été vérifiée depuis lors ; on a constaté que la masse de la Terre devait être augmentée de $\frac{1}{8}$ environ de la valeur qu'on lui attribuait auparavant.

Il nous reste à achever les mêmes travaux pour les quatre grosses planètes : Jupiter, Saturne, Uranus et Neptune. L'entreprise présentait de grandes difficultés, en raison surtout de la grosseur des masses de Jupiter et de Saturne qui exercent l'une sur l'autre des perturbations très-considérables dans leurs mouvements

Cependant les théories de ces quatres planètes sont aujourd'hui achevées. Les Mémoires qui s'y rapportent sont complètement rédigés et l'impression en est commencée dans nos *Annales*, dont la publication a été reprise.

Les calculs nécessaires pour réduire les théories en Tables sont commencés et seront poursuivis aussi rapidement que les moyens mis à notre disposition le permettront

Il est à désirer que l'achèvement du travail soit prompt. Nos collègues de l'étranger nous le réclament, et quelques-uns même nous ont fait l'honneur de nous offrir d'y contribuer.

Il ne faut pas croire, du reste, que, lorsque les travaux relatifs aux huit planètes principales auront été terminés et nous auront pour ainsi dire donné droit sur elles, l'œuvre scientifique soit à cet égard achevée : il faudra surveiller sans cesse la comparaison des observations avec la théorie. On ne peut pas douter qu'avec la suite des années il se manifestera des écarts dus aux actions des masses encore ignorées et situées au delà de Neptune. Le travail déjà effectué préparera les conclusions à tirer de ces écarts.

Les petites planètes, d'ailleurs, deviendront de plus en plus intéressantes à mesure que les années d'observations se seront accrues à leur égard. La planète Cérès, par exemple, présente déjà une suite d'observations de plus de soixante-dix années; et, par une raison exceptionnelle et considérable, nous demandons à pouvoir en entreprendre dès aujourd'hui la théorie. Ce travail sera, en effet, l'un des éléments qui devront intervenir dans la discussion à laquelle donnera lieu la détermination de la parallaxe du Soleil.

Cette parallaxe, avons-nous déjà dit, se peut très-bien déterminer par la série des cent vingt années d'observations méridiennes exactes qu'on possède sur Vénus et sur Mars. Il n'y aurait d'autre objection que celle qui résulterait d'une action de la masse des petites planètes sur Mars, si cette action était sensible; mais cette objection se trouve écartée lorsqu'on considère que la même influence ne peut pas se faire sentir sur le mouvement de Vénus.

On a dit, il est vrai, que, par la détermination géométrique de la parallaxe, tirée de l'observation des passages de Vénus devant le disque du Soleil, et sa comparaison avec les résultats tirés des applications de la Mécanique céleste, on pourrait déduire l'ensemble de la masse des petites planètes situées entre Mars et Jupiter; mais, si c'est là ce qu'on se propose, nous devons faire remarquer qu'on a un moyen bien plus précis d'arriver au but. Les petites planètes elles-mêmes étant considérées attentivement peuvent, en effet, donner, par la marche des inégalités séculaires de leurs éléments, une valeur de la masse totale cherchée, et beaucoup plus exactement que par toute autre voie.

Cérès paraît propre à être employée ainsi avec succès. L'excentricité et l'inclinaison de l'orbite ne créeront pas des difficultés insurmontables, et les soixante-douze années d'observations existantes permettront une discussion fructueuse. Le travail dont la nécessité se trouve ainsi posée sera certainement effectué quelque part; l'Observatoire de Paris, ayant dans les mains tous les matériaux nécessaires, est prêt à l'exécuter.

La situation de la Géodésie française, en face des grands travaux qui s'exécutent aujourd'hui à l'étranger, est l'objet de préoccupations. L'Observatoire, le Bureau des Longitudes et le Corps des officiers d'état-major se sont successivement occupés de travaux géodésiques. Il a paru aux trois institutions qu'elles pourraient concerter utilement leurs efforts dans le but d'imprimer aux travaux de la Géodésie française une nouvelle impulsion.

Le 8 mai dernier, le Président du Bureau des Longitudes et le Président du Conseil de l'Observatoire remettaient à M. le Ministre de l'Instruction publique la Note suivante, à l'effet d'obtenir que le Ministre de la Guerre voulût bien autoriser MM. les officiers supérieurs, chefs du Dépôt de la Guerre, à s'entendre avec le Bureau des Longitudes et l'Observatoire, au sujet du développement des travaux géodésiques.

« La France a eu l'honneur, avant toutes les autres nations, d'inaugurer les
» recherches relatives à l'étude de la figure de la Terre. Picard, Cassini, Clairaut,
» La Condamine, et après eux Delambre, Méchain, etc., se sont illustrés dans
» ces travaux.

» Notre pays subit aujourd'hui les inconvénients qui s'attachent aux hommes
» et aux nations qui ouvrent une voie nouvelle : la Géodésie française, constituée
» à une époque où les instruments n'avaient point acquis la perfection qu'ils pos-
» sèdent aujourd'hui, laisse à désirer.

» Les pays qui, en Europe, en Amérique, en Asie, s'occupent aujourd'hui de
» la Géodésie des divers continents, profitant de toutes les ressources nouvelles,
» ne négligent pas de nous faire remarquer que leurs résultats sont parfois supé-
» rieurs en exactitude à ceux que la France obtint autrefois.

» Il ne suffirait pas de leur répondre par les souvenirs de notre histoire passée.
» Notre Géodésie doit, pour être réunie dans un ensemble avec celle des autres
» pays, en posséder l'exactitude.

» Dans cette pensée, la Guerre a entrepris de reviser les principales données de
» la triangulation française; elle a commencé, avec raison, par la partie sud de
» notre méridienne principale.

» De son côté, l'Observatoire de Paris a déterminé à nouveau, de 1861 à 1866,
» les coordonnées d'une douzaine des points principaux de la triangulation.

» Le Bureau des Longitudes et l'Observatoire de Paris ont résolu de concerter
» leurs efforts pour donner à l'étude de la partie astronomique une nouvelle
» activité. Ils ont, en outre, considéré qu'il importerait, à beaucoup d'égards,
» de coordonner la marche de ces recherches avec les travaux de triangulation
» présentement exécutés par les officiers d'état-major.

» En conséquence, les soussignés ont été chargés, par le Bureau des Longitudes
» et par l'Observatoire, de demander à M. le Ministre de l'Instruction publique
» qu'il veuille bien prier son Collègue, le Ministre de la Guerre, d'autoriser les
» officiers supérieurs, chefs du Dépôt, à négocier avec le Bureau des Longitudes
» et l'Observatoire une entente pour l'active continuation des travaux de Géo-
» désie.

> *Le Vice-Amiral, Président du Bureau des Longitudes, Membre de l'Académie des*
> *Sciences, PARIS. — Le Directeur de l'Observatoire, Membre de l'Académie des Sciences*
> *et du Bureau des Longitudes, LE VERRIER.* »

La réponse du Ministre de la Guerre au Ministre de l'Instruction publique est conçue en ces termes :

« Je suis disposé à accueillir avec empressement toute mesure qui pourra » contribuer à relever le service géodésique en France, et j'approuve entièrement » les conclusions de la Note que vous m'avez transmise.

« En concertant leurs efforts et leurs moyens d'action, l'Observatoire, le » Bureau des Longitudes et le Dépôt de la Guerre peuvent donner aux travaux » géodésiques et astronomiques, qui ont pour objet la détermination exacte des » éléments fondamentaux des travaux topographiques, une impulsion plus active, » une direction plus féconde et leur assurer un contrôle plus savant. »

En conséquence, dans une conférence tenue entre MM. le colonel Nugues-Saint-Cyr, le colonel Saget, le capitaine Perrier, le Président du Bureau des Longitudes et le Directeur de l'Observatoire, il a été convenu qu'en raison de l'époque avancée de l'année on se bornerait aux premières dispositions suivantes :

Le Corps d'état-major continuera la campagne qu'il a entreprise pour la révision de la partie sud de la méridienne.

L'Observatoire établira un pavillon d'instruction à l'usage de ses propres observateurs et des jeunes officiers d'état-major que la Guerre désignera.

Dès le commencement de l'hiver prochain, les besoins de la Géodésie seront examinés en commun par le Corps d'état-major, le Bureau des Longitudes et l'Observatoire.

Rien ne sera négligé pour qu'on puisse en conséquence entreprendre, au printemps de 1874, une campagne fructueuse avec des ressources plus considérables en personnel.

Deux instruments vont être immédiatement installés ; l'un d'eux, une lunette méridienne, est fournie par le Dépôt de la Guerre qui la possède ; l'autre est un cercle méridien appartenant à l'Observatoire.

Nous n'avons donc à réclamer, à cet égard, que la construction immédiate du pavillon nécessaire.

Observations extrà-méridiennes (1).

L'étude générale du ciel et les catalogues qui en résultent doivent être étendus à toutes les étoiles, quelle que soit leur grandeur ; car l'observation a démontré

---

(1) L'article concernant les observations extrà-méridiennes est de M. Wolf, Membre du Conseil, chef du service.

que souvent c'est parmi les astres les plus faibles que se rencontrent les mouvements propres les plus considérables. Mais les instruments méridiens ne suffiraient pas à l'immensité de ce travail, soit parce que l'observation bornée au moment du passage au méridien devrait être reprise pendant une longue suite de nuits pour explorer complétement une portion même très-restreinte du ciel, soit en raison de l'insuffisance du pouvoir des lunettes. Il faut, pour compléter le travail dont les bases auront été posées à l'aide de ces instruments, un autre appareil, plus puissant et pouvant surtout être dirigé vers tous les points du ciel : il faut avoir recours à l'équatorial. La construction des cartes célestes ou des catalogues comprenant jusqu'aux étoiles de 12ᵉ et 13ᵉ grandeur est donc le travail qu'un grand Observatoire, jaloux de contribuer aux progrès de l'Astronomie sidérale, doit demander d'abord aux observateurs à l'équatorial. Les étoiles fondamentales, toutes celles dont la position a été déterminée aux instruments méridiens, constituent au milieu de ces cartes, de ces catalogues, les jalons à l'aide desquels les positions des autres astres sont à leur tour déterminées. Sans doute ces dernières ne sont connues qu'avec une précision inférieure; mais si la révision des cartes, des catalogues est faite de temps en temps, d'année en année, il n'est pas douteux, et l'expérience le prouve, que les grands mouvements propres n'apparaissent.

En même temps, cette révision périodique des cartes est l'occasion de la découverte de nouvelles planètes, de comètes, de nébuleuses. Peut-être même l'astronome qui consacrerait ses efforts à un travail méthodique, en bornant son attention à la zone du plan invariable, verrait-il sa patience couronnée un jour par une découverte capitale, celle de la planète transneptunienne; dans tous les cas, il récoltera une abondante moisson d'étoiles doubles, d'astres variables, qui fourniront aux observateurs à l'équatorial de nouveaux sujets d'étude.

L'Atlas écliptique de l'Observatoire de Paris, commencé par M. Chacornac, comprend aujourd'hui trente-six cartes seulement, et demande encore, pour son achèvement, la construction de quarante cartes semblables. Même ainsi réduit, il a déjà servi, à Paris, à Marseille et à l'étranger, à la découverte d'un nombre considérable de petites planètes. C'est un devoir pour nous d'achever cette publication, et nous sommes assurés du concours que nous prêtera, pour cette œuvre utile et en même temps pénible, M. le Directeur de l'Observatoire de Marseille. Déjà nos observateurs ont construit plusieurs cartes nouvelles; mais il faut, pour mener à bien cette entreprise dans un court espace de temps, des appareils spéciaux. L'observation des étoiles ne demande plus, avons-nous dit, la même précision que nous exigeons des observations méridiennes; l'exactitude doit être compensée, pour ainsi dire, par la rapidité, et, dans ce but, il convient de recourir à l'emploi des enregistreurs électriques pour noter au moins les temps des passages de chaque étoile au fil de la lunette. Si, en général, nous ne croyons pas qu'il soit utile d'introduire ces instruments dans la pratique des instruments méridiens, parce que l'expérience montre que leur usage ne fait qu'augmenter la besogne des observateurs sans accroître ni le nombre ni l'exactitude des résultats, il n'en est plus de même pour les observations extra-méridiennes, où la rapidité est la condition capitale, et où elle ne peut s'obtenir qu'en débarrassant l'observateur de toutes les causes de fatigue pendant l'observation même, dût-il en résulter ensuite pour lui un surcroît d'occupation.

L'Observatoire possède un grand équatorial, établi en 1858 sur la tour de l'Ouest, et deux autres dans un pavillon du jardin. Ces derniers, immédiatement entourés de verdure et de gazon, sont dans de meilleures conditions d'installation que l'équatorial de la tour de l'Ouest, où les courants d'air chaud qui, le soir, rampent le long des murs échauffés du bâtiment, exercent sur les observations une influence fâcheuse en troublant les images ; mais, tandis que ceux du jardin n'ont qu'une monture imparfaite et dépourvue de stabilité, le grand équatorial est, au point de vue de la construction mécanique, de l'aveu de tous les astronomes étrangers, un des plus parfaits qui existent ; et, en revanche, l'une des lunettes du jardin est munie de l'excellent objectif de 24 centimètres de L. Foucault, pendant que la monture la meilleure porte un objectif dont les qualités optiques laissent à désirer. Il est donc grandement à souhaiter que ces deux instruments, au moins, soient amenés l'un et l'autre à un degré complet de perfection ; celui du jardin, en recevant quelques modifications dans sa monture et surtout par l'application d'un mouvement d'horlogerie ; celui de la tour de l'Ouest, que les conditions de construction de l'Observatoire obligent à laisser sur le sommet des bâtiments, en modifiant son objectif par les procédés de retouche dont L. Foucault a enrichi la science de l'optique. Alors seulement il sera possible d'entreprendre sérieusement à Paris l'étude des étoiles doubles et multiples, ces mondes lointains où l'œil étonné de l'astronome découvre des soleils circulant les uns autour des autres suivant les mêmes lois qui régissent notre système planétaire et apportant tour à tour à des planètes longtemps soupçonnées, aujourd'hui aperçues quoique en petit nombre, des jours variés et d'éclat et de couleur.

Nos télescopes à miroirs de verre argenté, ces instruments nés en Angleterre et que l'Angleterre, aujourd'hui, vient nous demander, depuis que les admirables procédés de Foucault les ont doués d'une perfection absolue, n'ont point, à l'Observatoire de Paris, une installation fixe qui permette d'en tirer tous les

fruits qu'ils peuvent donner. L'observateur est forcé de les rouler chaque soir sur
la terrasse dallée qui longe la façade méridionale du grand bâtiment ; de là, des
inconvénients multiples résultant d'une orientation imparfaite, d'une instabilité
gênante, d'un horizon extrêmement borné et surtout d'une atmosphère étrange-
ment troublée par la proximité du sol et des murs échauffés pendant le jour. Il
serait indispensable que l'un au moins de nos télescopes de 40 centimètres
d'ouverture fût monté à poste fixe, et muni d'un moteur qui lui fasse suivre auto-
matiquement le mouvement des astres.

Après avoir doté l'Observatoire de Marseille d'un magnifique télescope de
$0^m,80$ d'ouverture, nous avons commencé la construction d'un instrument semblable, mais plus puissant encore, de $1^m,20$ de diamètre, et muni cette fois d'une
monture entièrement métallique, dans la construction de laquelle notre habile
artiste, M. Eichens, a introduit tous les perfectionnements qui rendront la ma-
nœuvre de cet appareil, malgré son énorme poids de plusieurs tonnes, aussi facile
que celle de nos plus petits télescopes. C'est à cette construction qu'est consacrée
une partie du crédit de 500 000 francs accordé par le Corps législatif. Interrompue
par la mort de L. Foucault, puis entravée par les malheurs de la France, cette
entreprise gigantesque est aujourd'hui menée activement par M. Ad. Martin,
d'une part, pour la taille du miroir, par M. Eichens, pour l'établissement du pied
de l'instrument. Dans quelques mois, le miroir sera terminé ; l'appareil mécanique est presque entièrement achevé. D'aujourd'hui en un an nous pourrons
installer le télescope dans les jardins de l'Observatoire. Nous n'avons pas, d'ailleurs, à demander de nouveaux fonds pour cette construction, à laquelle est déjà
affecté un crédit spécial.

L'équatorial sous ses formes diverses, lunettes, télescopes, sidérostat, est
aussi l'instrument auquel doit recourir l'Astronomie physique, naguère si
pauvre, aujourd'hui si riche et si féconde, pour continuer ses brillantes découvertes. Elle a à mesurer l'éclat et la couleur variables de certaines étoiles et à
chercher les causes physiques de ces variations, à déterminer par l'analyse spectrale la nature chimique des foyers de lumière céleste, à constater l'état de
condensation de la matière qui les forme et par suite l'âge des étoiles. Plus près
de nous, c'est le Soleil dont la structure a encore bien des mystères à nous révéler ;
ce sont les planètes, si bien partagées en deux groupes par leurs propriétés
physiques aussi bien que par leurs distances au Soleil, dont l'Astronomie physique doit étudier les rapports et les différences avec notre Terre ; ce sont les
comètes et les étoiles filantes, qu'une théorie toute nouvelle encore et pourtant
déjà confirmée par de nombreuses observations rattache les unes aux autres et

qu'il faut interroger comme des messagers nous apportant des profondeurs du ciel des notions inattendues sur la constitution de la matière aux confins de notre monde planétaire. La photographie, après avoir acquis droit de cité dans l'Astronomie par les services qu'elle a rendus à la sélénographie, à l'étude des taches solaires, tend à envahir maintenant l'Astronomie de précision : il faut lui aider à franchir ce pas, et pour cela l'étude des appareils optiques, des procédés opératoires du photographe, exige de l'observateur de longs et pénibles essais.

Le sidérostat de L. Foucault, dont nous possédons le premier exemplaire, a été installé, en 1872, dans le jardin de l'Observatoire, et depuis cette époque employé presque uniquement aux expériences photographiques relatives à l'observation du prochain passage de Vénus sur le Soleil. Il y a autre chose à lui demander. Une lunette ou un télescope monté équatorialement ne peut se prêter aux recherches d'Astronomie physique, analyse spectrale, photométrie, qu'à la condition de recevoir et de porter à l'une de ses extrémités les appareils, souvent compliqués et pesants, à l'aide desquels la lumière des astres est analysée et mesurée. De là des difficultés trop réelles qui ont conduit les astronomes à réduire les dimensions de ces appareils au détriment de leurs qualités optiques et à les compliquer encore pour suppléer, par la multiplicité des milieux actifs, à la faiblesse d'action de chacun d'eux. Le sidérostat, en renvoyant constamment les rayons lumineux d'un astre dans une direction fixe, permet de les recevoir dans des spectroscopes fixes, dont les dimensions ne sont plus limitées, et à l'aide desquels l'observateur exécutera ses expériences et ses mesures avec la même facilité et la même précision que le physicien dans son laboratoire. Il est nécessaire que notre sidérostat soit pourvu d'un spectroscope simple, mais de grandes dimensions, qui rendra possible la mesure des positions des raies dans les spectres des étoiles et des nébuleuses et permettra ainsi de résoudre la question, très-contradictoire, du déplacement relatif de la Terre et des étoiles.

Un Observatoire qui consacrerait tous ses efforts à l'Astronomie physique seule pourrait aisément occuper un nombreux personnel. A l'étranger, beaucoup d'établissements suivent cette voie et il est à désirer que la France en puisse créer de semblables à son tour. Les Observatoires que leurs études habituelles et leurs devoirs de fondation semblaient, comme celui de Greenwich, devoir rendre inaccessibles à l'Astronomie physique proprement dite, lui ouvrent aujourd'hui leurs portes. Nous ne pouvons nous refuser à comprendre une semblable Division parmi les Observatoires dont se compose celui de Paris. Réunie à celle qui doit faire le travail fondamental des cartes et catalogues célestes, elle a besoin d'un nombreux personnel, varié dans ses aptitudes et ses fonctions, capable d'appliquer

aux recherches astronomiques toutes les ressources de la Physique, de l'optique
et de la Chimie. Composée d'un chef de service et de cinq adjoints ou aides, elle
sera réduite à des proportions bien modestes.

PHYSIQUE ET PHYSIQUE DU GLOBE.

A mesure que l'on cherche à améliorer et à multiplier les moyens d'observation, il devient plus évident qu'à côté du service régulier d'observations il
convient d'instituer sur une large base un système de recherches sur divers points
de science que l'on hésite à rattacher à l'Astronomie ou à la Physique. En dépit
des distinctions établies entre les sciences, nous les voyons constamment
empiéter l'une sur l'autre; c'est qu'elles ont tout à gagner en se prêtant un
mutuel appui. Pour ce qui concerne l'Astronomie, il est bien évident qu'elle ne
saurait se suffire à elle-même, et que ses progrès sont intimement liés aux perfectionnements des instruments d'optique, à la connaissance de l'état de l'atmosphère, à l'appropriation des appareils télégraphiques, à la détermination directe
de certaines constantes qui rentrent essentiellement dans le domaine de la Physique. D'un autre côté, la Physique tend à sortir des bornes trop étroites du
laboratoire où elle a pris naissance. Pour arriver à la solution des belles questions qu'elle s'est posées dans ces derniers temps, elle demande avec instance à
nous emprunter nos instruments et nos méthodes, et elle promet, en retour, de
nous rendre précisément les services que la force des choses nous porte à
réclamer d'elle.

L'Observatoire de Paris est largement entré dans cette voie féconde; le rôle de
la Physique y a pris d'année en année une plus grande importance. Les travaux
de M. Arago sur les points les plus délicats de l'optique sont présents à tous les
esprits. Nul n'ignore les recherches de M. Léon Foucault sur les propriétés et
en particulier la vitesse de la lumière; la construction des miroirs à verre
argenté, celle des régulateurs isochrones du mouvement des équatoriaux, etc.

L'Observatoire possède un grand nombre d'instruments d'optique. Il serait à
désirer que la collection en fût complète.

L'installation de la galerie et des salles de Physique de l'Observatoire *était*
splendide, il y a peu d'années. Tout le second étage de l'Observatoire y était
consacré; et, comme cet étage, établi sur des voûtes d'une solidité à toute
épreuve, renferme la grande salle méridienne qui nous vient de Cassini, les physiciens y trouvaient des moyens d'installation et de grandes lignes de lumière
qu'on ne trouve nulle part ailleurs.

4

Nous avons dit que cette installation scientifique *était* splendide. Il nous a bien fallu parler au passé, car elle n'existe plus. La partie nord, entre autres, a été envahie par des constructions légères et parasites, absolument inutiles, et *qui perdent tout*. Pour donner, en effet, accès à ces pièces, on a ouvert la galerie de Physique à tout venant; ce n'est plus aujourd'hui qu'une halle publique dans laquelle les instruments qui nous ont été légués par Arago, par Foucault, ont nécessairement subi les plus graves détériorations. On peut prévoir que, si un pareil état de choses était maintenu, tous ces appareils disparaîtraient peu à peu et pièce à pièce. La loi qui interdit sagement d'introduire des logements au milieu des services scientifiques, en prévision des inconvénients de toute nature qui en résultent, n'a jamais été mieux justifiée que par cet état de choses si profondément regrettable.

Le Conseil s'est occupé de cette situation, et il a décidé que les intérêts de la science voulaient que l'ancien état des galeries fût rétabli. Nous en demandons les moyens.

Dès que cette restauration aura été accomplie, dès que nos salles auront été restituées à leur destination scientifique, elles seront de nouveau, comme autrefois, à la disposition des physiciens de Paris, pour l'exécution des grands travaux.

Physique du globe. Météorologie.

On sait que, il y a quelques années, l'Observatoire de Paris donna aux études météorologiques une très-forte impulsion en organisant successivement le service international des avertissements aux ports, l'étude de la climatologie française, les Commissions météorologiques départementales, les stations de précision dans les écoles normales, le réseau des observateurs des orages, les études à la mer, celle des grands mouvements de l'atmosphère....

Les travaux relatifs à la climatologie française et aux pays voisins étaient, chaque année, résumés dans un grand atlas dont le dernier a été publié en 1869. Les études sur les grands mouvements de l'atmosphère ont donné lieu à la publication de 575 grandes cartes.

Aux termes du décret du 13 février dernier, cet ensemble de travaux doit être repris et étendu. Ce décret porte en effet :

Art. 1ᵉʳ. — L'étude des grands mouvements de l'atmosphère et les avertissements météorologiques aux ports et à l'agriculture sont placés dans les attributions de l'Observatoire de Paris.

Art. 2. — Les travaux relatifs à la physique générale des divers bassins de la France sont attribués aux commissions régionales et départementales dont le Conseil de l'Observatoire est chargé de poursuivre l'organisation.

La réorganisation prescrite par le décret n'ayant été commencée qu'à la date du 17 mai, nous pouvons seulement rendre compte des premières dispositions. En raison du caractère général de ces diverses entreprises, elles s'étendent sur toute la France et le concours des pays étrangers nous est nécessaire. Nous avions donc avant tout à demander à nos nombreux collaborateurs un concours actif et indispensable, à les consulter sur leurs convenances.

Nous croyons, pour exposer nos vues, faire comprendre nos besoins dans des questions intimement liées aux nécessités des services publics, ne pouvoir mieux faire que de reproduire les pièces principales de la correspondance relative à cette réorganisation de la Météorologie.

Citons d'abord la circulaire du Ministre de l'Instruction publique à MM. les Préfets. Après avoir rapporté les dispositions du décret du 13 février, le Ministre continue en ces termes :

« En vertu de ces dispositions, le service des avertissements météorologiques aux ports a été rétabli à l'Observatoire de Paris, à partir du 17 mai.

» En outre de ce service, qui intéresse plus particulièrement le littoral, l'Observatoire de Paris doit faire bénéficier tous les départements des annonces météorologiques utiles à l'agriculture, à l'époque des moissons en particulier. Les besoins de nos diverses provinces ne seront pas les mêmes et ils varieront aux différentes saisons de l'année. Une enquête sera nécessaire pour arriver à une prompte et bonne organisation. Une instruction préparée pour l'Observatoire vous sera très-prochainement adressée à ce sujet. Je vous prierais de la communiquer aux Chambres d'agriculture, de leur demander leur avis et de me le transmettre.

» L'étude régulière du climat de la France a été organisée en 1865 par la création des Commissions départementales et l'établissement d'un système d'observations dans les Écoles normales primaires et dans les campagnes.

» A l'origine, lorsque les Commissions départementales étaient encore incomplétement organisées, il fut nécessaire de concentrer les données des observations à l'Observatoire de Paris, qui se chargea de leur discussion et de leur publication; mais ce système, qui s'imposait au moment de la création des travaux, ne pouvait être continué indéfiniment avec utilité.

» Dès 1869, l'Observatoire faisait remarquer que la discussion des conditions climatériques des divers bassins de la France ne pouvait être avec avantage concentrée à Paris. Il paraissait nécessaire que les nombreux et habiles météo-

4.

rologistes, déjà formés pendant la période des quatre années qui venaient de
s'écouler, s'emparassent résolûment des observations elles-mêmes pour les discuter
et en tirer les conséquences qu'elles comportaient. Et ce n'est pas seulement au
point de vue des avantages qui devaient en résulter pour la Météorologie elle-
même que cette décentralisation était provoquée. On faisait remarquer qu'il
importe, pour l'ensemble du mouvement scientifique en France, que les travaux
soient répartis sur toute l'étendue du territoire, afin de favoriser l'esprit d'initiative auquel une nation doit sa grandeur scientifique.

» Les circonstances empêchèrent de donner suite à ces projets. Depuis lors,
ils ont été repris sur plusieurs points et réalisés avec succès, notamment dans le
bassin de la Meuse et sur le littoral ouest-méditerranéen, par le concert établi
entre les cinq départements de l'Hérault, du Gard, de l'Aude, des Pyrénées-
Orientales et de la Lozère.

» La Commission astronomique nommée par décret du 25 novembre 1872, à
l'effet de proposer les mesures les plus utiles pour l'organisation des sciences
astronomiques, est entrée dans la même voie. Elle a recommandé de remettre
aux départements groupés par bassins hydrographiques les études relatives au
climat de la France, et c'est en exécution de ces résolutions qu'a été rendu le
décret reproduit en tête de la présente dépêche.

» Il est essentiel de remarquer que l'institution projetée des Comités régionaux
ne touche en rien à l'organisation départementale; elle lui donne, au contraire,
plus de force, en permettant aux Commissions départementales d'un même bassin
de s'entendre entre elles pour imprimer à leurs travaux une plus grande activité.

» Le département, circonscription administrative, est, en effet, trop petit pour
que des phénomènes qui se passent sur une grande étendue puissent y être complétement étudiés. Les représentants des diverses Commissions locales ne cessent
de signaler ce grave inconvénient. L'organisation régionale leur donnera désormais le moyen de publier des études plus complètes.

» Il n'est pas question non plus, Monsieur le Préfet, d'abandonner les Commissions à elles-mêmes, et, en réformant une centralisation excessive, de ne laisser
subsister entre elles et l'administration centrale aucun lien. L'Observatoire de Paris
est, au contraire, spécialement chargé de conserver avec les Commissions départementales d'actives et fructueuses relations, et de les aider, autant qu'elles le
réclameront, dans leur organisation par régions. Je vous transmettrai sans retard
les vues de l'Observatoire à ce sujet.

» Je réclamerai, Monsieur le Préfet, votre concours pour la réalisation de ce
progrès, et vous prierai d'invoquer l'appui du Conseil général. Cette haute
assemblée sera d'autant plus disposée à nous l'accorder que les dispositions pré-

sentes ont pour but d'opérer une décentralisation qui est dans les tendances de notre époque.

» Vous pouvez, de votre côté, compter sur le concours de mon administration pour la réalisation de toutes les mesures qui auraient pour but de favoriser le développement du mouvement scientifique.

» *Le Ministre de l'Instruction publique, des Cultes et des Beaux-Arts*, A. BARDOUX. »

Les explications données par l'administration supérieure précisent nettement le caractère général de la voie scientifique où il s'agit d'entrer : c'est la décentralisation.

L'organisation des Comités régionaux, qui est la base de cette décentralisation, a été considérée avec soin par le Conseil de l'Observatoire. A la suite de ses délibérations, nous avons été conduit à demander l'avis des Commissions départementales par la lettre suivante, adressée à leurs Présidents. Nous nous proposons de faciliter les solutions à intervenir; nous respectons avec soin l'initiative des Commissions; le concours de l'Observatoire leur est assuré dans la limite qu'elles-mêmes fixeront.

» Monsieur le Président et honoré Collègue, l'Observatoire de Paris, réorganisé par un décret du 13 février dernier, est depuis quelques jours rentré en possession du service météorologique que nous y avons créé en 1856, service dont le développement est dû au concours des Commissions départementales, des Sociétés savantes, des Recteurs, des Ingénieurs des Ponts et Chaussées et des Mines, des Écoles normales, et de divers amis de la science.

» Lorsque, en 1864, l'Observatoire de Paris se proposa d'étudier la marche progressive des orages à travers la France, il s'adressa à MM. les Préfets, leur demandant d'organiser, avec l'aide des hommes de science, des Commissions météorologiques départementales. Grâce au concours dévoué de ces Commissions et du réseau d'observateurs qu'elles ont créé, l'Observatoire put réunir les éléments nécessaires à la publication des Atlas météorologiques des années 1865, 1866, 1867 et 1868, importante série dont les événements ont empêché la continuation, et qu'il s'agit de reprendre aujourd'hui sur des bases propres à en faire de plus en plus une œuvre commune à tous.

» Dès 1868, nous vous soumettions, Monsieur le Président, des vues qui depuis lors ont été adoptées par la Société météorologique, par l'Association scientifique, par les Réunions tenues dans divers départements, par la Commission astronomique qui fut assemblée à la fin de l'année dernière, enfin dans une Réunion de météorologistes des départements présents à Paris dans la semaine de

Pâques. C'est donc avec l'assentiment de ces diverses autorités que nous reprenons aujourd'hui avec vous des projets qui sont conformes aux dispositions du décret du 13 février.

» Il est admis qu'il n'est pas possible de concentrer avec avantage à Paris la discussion des nombreuses observations météorologiques recueillies dans toutes les parties de la France. L'accord de tous les hommes de science à ce sujet nous dispense d'y insister.

» Il n'est pas moins vrai que la discussion des phénomènes météorologiques restreinte à un seul département est nécessairement insuffisante. Le département, unité administrative découpée arbitrairement, est trop petit pour l'étude de phénomènes qui se passent sur une grande étendue de pays.

» On est conduit par cette double considération à comprendre que les travaux de Physique générale doivent être organisés par régions naturelles, suivant les bassins hydrographiques par exemple, circonscriptions qui seraient modifiées suivant les circonstances.

» Il ne s'agit pas, bien entendu, Monsieur le Président, de toucher en quoi que ce soit à l'existence des Commissions départementales, qui seront toujours la base de toute organisation ; mais, bien au contraire, de fortifier ces Commissions, en leur donnant les moyens, par l'association d'un certain nombre d'entre elles, d'effectuer des travaux dont l'importance aille en grandissant.

» Une association de cette espèce, procédant de l'initiative privée, existe déjà sur le littoral ouest-méditerranéen ; elle a su intéresser à son œuvre cinq départements, et ses travaux, portant sur l'ensemble d'une région physique naturelle, ont eu eux-mêmes une importance considérable.

» L'Assemblée des météorologistes, tenue à Pâques, a été provoquée par le Conseil de l'Observatoire et tenue en son nom. Ce Conseil, chargé par le décret du 13 février de poursuivre l'organisation des Commissions régionales, estime, en effet, que sa mission ne consiste pas à imposer un plan tout fait, mais bien au contraire à recueillir les avis des départements et à aider à leur entente mutuelle pour mettre leurs idées scientifiques en pratique.

» Dans cette voie nous n'avons rien de mieux à faire que de mettre à votre disposition le Rapport lu à l'Assemblée de Pâques au nom d'une Commission composée de MM. Isidore Pierre, de Caen, pour le nord-ouest ; Poincaré, de Bar-le-Duc, et Chautard, de Nancy, pour le nord-est ; Lory, de Grenoble, pour la région des Alpes ; Stephan, de Marseille, et Crova, de Montpellier, pour le littoral méditerranéen ; Tisserand, de Toulouse, et Raulin, de Bordeaux, pour le sud-ouest ; Tarry pour l'Algérie. Nous vous prions de donner communication de ce Rapport à la Commission que vous présidez et de nous faire connaître son avis sur les divers points qui y sont traités, ainsi que sur toutes les autres questions qu'elle croirait utile de soulever.

» Nous appelons en particulier votre attention sur la formation effective du Comité régional et sur l'entente nécessaire à établir entre les Commissions départementales. Pour l'organisation du littoral ouest-méditerranéen, les météorologistes des cinq départements, l'Hérault, le Gard, la Lozère, l'Aude, les Pyrénées-Orientales, se sont réunis au commencement de l'année dernière à Montpellier, et c'est de cette réunion, provoquée par l'Association scientifique de France, qu'est résulté le concert établi entre ces départements.

» Si votre Commission estime, Monsieur le Président, qu'une marche analogue puisse être suivie dans votre région, et que notre concours vous soit utile pour assurer le succès d'une Assemblée générale des météorologistes de votre contrée, nous nous empresserons de vous le donner.

» Lorsque les observations auront été rétablies avec une extension suffisante par les soins des Commissions départementales, discutées par elles dans leurs détails, et dans leur ensemble par les Comités régionaux, il faudra assurer la publication des résultats de ces études.

» La Réunion des météorologistes et le Conseil de l'Observatoire pensent que la publication *in extenso* des observations et de leur discussion doit être faite par les soins des Commissions météorologiques elles-mêmes. Vous aurez certainement pour cet objet le concours des Sociétés scientifiques locales. On désire seulement que ces publications soient faites sur un même type, dont nous aurons à convenir, et dans un même format.

» Les Mémoires rédigés par les Commissions régionales ou départementales trouveront également place à la suite des observations météorologiques.

» La publication des études locales étant ainsi assurée, nous avons, Monsieur le Président, à nous préoccuper du travail d'ensemble qui doit, avec ces éléments encore épars, constituer la Météorologie de la France.

» L'Observatoire de Paris se propose de reprendre la publication de son Atlas météorologique annuel. Il est désirable qu'il soit formé par la réunion des cartes dues aux Commissions régionales, auxquelles viendra se joindre un résumé d'ensemble rédigé par les soins de notre Service météorologique.

» Nous vous demanderons donc de dresser les cartes d'orages, de pluie,... à une échelle uniforme et telle que la carte de la région ne dépasse pas le format de l'Atlas.

» La réalisation de l'ensemble de ce programme exige quelques ressources financières ; c'est la dernière question sur laquelle je désire, aujourd'hui, appeler votre attention.

« Vous voudriez bien, Monsieur le Président, profiter du moment où MM. les Préfets préparent leur budget départemental pour leur demander d'y inscrire la somme nécessaire aux travaux intérieurs de votre Commission et celle indispensable pour la souscription à un certain nombre d'exemplaires de la publication d'ensemble faite par l'Observatoire. C'est ainsi que les quatre premiers Atlas ont été publiés avec la plus grande régularité, résumant chaque année le travail de l'année précédente. Cette régularité, interrompue par les événements, va être reprise. L'Administration centrale vous donnera d'ailleurs son appui auprès du Conseil général, et nous espérons que cette haute assemblée, considérant qu'il s'agit de développer le mouvement scientifique dans toutes les provinces de France, voudra bien vous accorder les fonds qui vous sont nécessaires et dont elle verra ainsi l'emploi parfaitement justifié. »

Les travaux des Écoles normales ont été également l'objet d'un examen attentif. Les questions qui s'y rattachent sont posées dans une lettre adressée par l'Observatoire à MM. les Directeurs des Écoles normales, et dont nous extrayons les passages principaux :

« M. le Directeur, le but du Conseil est de donner aux Commissions départementales une vie propre et d'étendre de plus en plus le cercle de leurs études; mais leur indépendance ne doit cependant pas créer l'isolement. Le résumé d'ensemble des observations météorologiques des Écoles normales continuera, comme par le passé, à être rédigé par les soins de l'Observatoire.

« En conséquence, je vous prie, Monsieur le Directeur, de nous adresser chaque mois une copie des observations faites pendant le mois précédent à l'École placée sous votre direction.

« Le nombre et la répartition des observations à effectuer chaque jour soulève une question délicate qui doit être examinée et résolue au point de vue des intérêts de la science et de façon à atteindre le but qu'on se propose sans que notre pays reste au-dessous des nations voisines.

« A l'égard du nombre quotidien des observations, toutes les autorités compétentes en cette matière sont d'accord pour reconnaître que, si l'on ne veut faire aucune hypothèse arbitraire ou rien emprunter à des voisins plus studieux et plus zélés, six observations par jour sont indispensables. Dans l'Atlas de 1867, ce point a été examiné scrupuleusement, et l'Observatoire de Paris a conclu que sans ces six observations la discussion restait impossible. Le Conseil de l'Association scientifique est arrivé aux mêmes conclusions.

» La Commission des météorologistes réunis à la Sorbonne dans la semaine de Pâques, au nom du Conseil de l'Observatoire, Commission dont vous trouvez le Rapport à la suite de la Lettre adressée au Président des Commissions départementales, a été du même avis; et enfin le Conseil de l'Observatoire, chargé de la réorganisation des travaux météorologiques, a sanctionné définitivement ces vues.

» Nous n'ignorons pas, Monsieur le Directeur, qu'il serait plus simple et plus facile de ne faire que trois observations et nous aurions été satisfait de pouvoir nous borner à vous les demander; mais la vérité scientifique veut que nous vous déclarions qu'on ne peut pas les discuter, à moins de s'appuyer sur des hypothèses et de se placer sous ce rapport, nous le répétons, dans une situation inférieure à celle de l'étranger qui n'admet pas de tels compromis.

» Le nombre des observations indispensables se trouvant ainsi défini par les conditions scientifiques de la question, il faut établir les heures auxquelles elles doivent être effectuées.

» Ces heures doivent être également espacées; autrement les calculs nécessaires pour la discussion deviendraient inextricables.

» Le mieux serait de les répartir uniformément pendant les vingt-quatre heures; mais on tomberait ainsi sur des heures de nuit, minuit et 4 heures du matin: les six observations trihoraires permettent d'éviter un service aussi pénible.

» Reste alors à décider s'il faut continuer d'effectuer ces six observations de 6 heures du matin à 9 heures du soir, ou s'il conviendrait de les reporter à 7 heures, 10 heures du matin, 1, 4, 7 et 10 heures du soir.

» Plusieurs météorologistes et, entre autres, M. l'Inspecteur général Ch. Deville, dont l'autorité est si grande en cette matière, préféreraient cette seconde série.

» Toutefois il a été reconnu qu'on pourrait se heurter à des difficultés administratives ou personnelles et qu'il convenait d'inviter tous nos collaborateurs à nous donner leur avis au point de vue des convenances, des facilités, ou des difficultés et des embarras qu'on peut rencontrer dans l'un ou l'autre système.

» Le point en question sera alors décidé au nom de tous. Il est à désirer que les réponses, que nous sollicitons, ne se fassent point attendre, afin qu'on soit en mesure de reprendre, dès le 1ᵉʳ juillet, une marche nette et précise.

» Est-il besoin de dire qu'il est absolument inadmissible qu'une interruption vienne à se produire dans les observations de l'année? Que veut-on que la Physique du globe puisse tirer de sérieux d'un système d'observations qui serait interrompu pendant le mois de septembre, par exemple, c'est-à-dire dans l'un des mois où le climat est le plus variable, à l'époque de l'équinoxe? Comment avec des observations faites en août et en octobre pourrait-on parvenir à restituer et à avoir connaissance des fluctuations extraordinaires du mois de septembre? Comment enfin, pour revenir encore à une raison d'amour-propre national, pourrions-nous offrir à nos collègues de l'étranger des documents inférieurs et qu'ils mettraient dédaigneusement de côté?

» Dès que les questions d'heures auront été résolues nous mettrons, comme par le passé, des feuilles d'inscriptions à la disposition des établissements qui nous auront annoncé leur intention formelle d'effectuer les six observations quotidiennes pendant toute l'année.

» L'Observatoire de Paris se chargera, comme autrefois, de déterminer avant leur expédition les erreurs instrumentales de vos appareils météorologiques. »

Les avertissements aux ports ayant pour objet la sécurité de la navigation, toute amélioration, toute réforme doit reposer sur l'avis des marins.

Le Conseil a chargé l'un de ses membres, M. le Vice-Amiral Jurien de la Gravière, de lui faire connaître l'avis de la Marine militaire.

Nous nous sommes adressé, d'un autre côté, par la Lettre suivante, aux Chambres de Commerce, pour connaître l'avis de la Marine marchande et solliciter son concours pour le rétablissement des observations à la mer :

« M. le Président, l'Observatoire de Paris, qui, avec votre concours, a fondé en 1863 le service des avertissements météorologiques aux ports, vient de rentrer en possession de cette partie de ses travaux. Dès ses premières réunions, le Conseil de l'Observatoire s'est occupé des améliorations dont le service pourrait être susceptible; mais, avant de faire aucune modification, il désire avoir l'avis de la Chambre.

» En relation constante avec les capitaines de la Marine marchande, vous êtes, Monsieur le Président, en position de connaître les vœux des marins. J'ai donc l'honneur de vous prier de nous renseigner sur :

» 1° La forme à donner aux avertissements du temps pour que la Marine en retire toute l'utilité possible ;

» 2° La manière de les porter, en temps utile, à la connaissance des navires qui doivent prendre la mer.

» Nous devons, en outre, nous préoccuper de donner à ces avertissements toute l'exactitude dont ils sont susceptibles et l'Observatoire doit, pour atteindre ce but, ajouter à son service journalier des études théoriques.

» Les tempêtes nous venant presque toutes de l'Ouest, il faut aller les étudier jusque sur l'Océan. Des observations météorologiques à la mer ont été demandées en 1864, aux navires qui traversent l'Océan et nous vous avons, Monsieur le Président, adressé à cette époque les instructions nécessaires. Les documents ainsi rassemblés ont servi à la publication de l'Atlas des mouvements généraux de l'atmosphère, dont vous avez déjà reçu cinq livraisons comprenant les cartes météorologiques de l'Océan depuis le 1ᵉʳ juin 1864 jusqu'au 31 décembre 1865.

» Le décret de réorganisation de l'Observatoire nous charge spécialement de continuer cette importante publication.

» Nous vous prions, Monsieur le Président, de nous indiquer les mesures à prendre pour que les navires qui quittent nos côtes puissent faire les observations indispensables et pour que les feuilles soient ensuite transmises à l'Observatoire de Paris. »

Enfin le décret du 13 février veut que l'on fasse, autant que possible, bénéficier l'Agriculture des mêmes avertissements, modifiés en raison des besoins particuliers auxquels il faut alors pourvoir. Les Chambres d'Agriculture doivent être consultées à cet égard. Nous avons, par la Lettre ci-dessous, prié MM. les Préfets de vouloir bien faire l'enquête nécessaire :

» Monsieur le Préfet, une dépêche de M. le Ministre de l'Instruction publique vous a fait connaître que les travaux de Météorologie générale se trouvaient de nouveau placés dans les attributions de l'Observatoire de Paris, qui en provoqua l'organisation en 1864.

» En statuant sur cette répartition des études relatives à la Physique du globe, le décret du 13 février a décidé que l'Observatoire ferait participer aux avantages des avertissements du temps la Marine et l'Agriculture.

» Au nom du Conseil de l'Observatoire, nous consultons les Chambres de Commerce des départements du littoral sur les besoins de la Marine. Je vous prie, Monsieur le Préfet, de vouloir bien faire auprès des Chambres d'Agriculture et près des Comices agricoles une enquête pareille.

» Serait-il utile de prévenir les agriculteurs de l'état probable du ciel pendant la journée du lendemain? Faut-il seulement annoncer les changements de temps importants?

» Les avis météorologiques devraient-ils être continués toute l'année, ou bien, au contraire, suffira-t-il de les adresser à l'époque des récoltes?

» Auriez-vous, Monsieur le Préfet, les moyens de faire parvenir, en temps utile, aux cultivateurs intéressés des avis donnés vingt-quatre heures à l'avance, ainsi que cela se pratique avec avantage dans le bassin de la Meuse?

5.

« L'expérience a déjà montré qu'on rend un service important à une contrée qui se trouve en pleine moisson, en lui signalant l'arrivée très-prochaine du mauvais temps, en lui permettant de profiter des vingt-quatre heures dont on peut encore disposer pour activer les travaux et rendre moins nuisibles les conséquences de la pluie. Mais ces annonces sont fort délicates, surtout dans un pays qui, comme la France, se trouve bordé à l'ouest par l'Océan; et s'il est bon d'avertir les cultivateurs d'un danger réel, il faut se garder de les troubler dans leurs travaux par des annonces qui ne seraient pas suivies d'un effet réel.

« Sous ces divers rapports, nous pensons qu'il ne serait possible d'établir un service très-sérieux que pour les localités pourvues d'un baromètre sensible, et dont le prix pourrait cependant être fort peu élevé.

« Les avis météorologiques transmis par l'Observatoire, faisant connaître la signification précise qu'il faudrait attribuer à la marche de cet instrument, constatée dans une localité, pourraient alors être d'une grande utilité pour les cultivateurs.

« La saison est déjà assez avancée; si cependant vous croyez, Monsieur le Préfet, qu'on puisse dès aujourd'hui profiter en quelque chose d'un système d'avertissements dans le département à la tête duquel vous êtes placé, et si vous voulez bien me répondre très-prochainement, nous nous efforcerons de donner satisfaction à votre désir. »

Ainsi toutes les questions relatives à l'exécution la plus large du décret du 13 février sont posées. Les réponses nous arrivent chaque jour. La mise à exécution suit à mesure et sans retard.

M. le Vice-Amiral Jurien de la Gravière fait connaître, dans son Rapport, quels sacrifices les nations étrangères, l'Angleterre et l'Amérique en particulier, font pour assurer chez elles l'exécution des services analogues. Nous avions pris les devants, il y a dix-huit ans; il est de notre devoir de demander, en les restreignant autant que possible, les ressources nécessaires pour que nous puissions reprendre notre rang.

Nous ne saurions terminer cet exposé sans attirer l'attention, et d'une façon toute spéciale, sur la situation faite à l'Observatoire de Paris par le percement d'un boulevard au sud de l'établissement, le boulevard Arago. Entre cette voie et la limite des terrains sud de l'Observatoire, il reste une bande étroite de terrain qui, dès longtemps, a été l'objet de notre sollicitude. Si, en effet, cette bande de terrain venait à être aliénée ou concédée par la Ville et qu'on y pût bâtir, l'Observatoire serait perdu. L'Académie des Sciences s'est occupée de cette question en 1869, et le mal a été conjuré.

C'est en ce moment l'objet de la principale préoccupation du Conseil, qui a chargé deux de ses Membres, M. Daubrée, directeur de l'École des Mines, et M. Tresca, sous-directeur du Conservatoire des Arts et Métiers, de faire, avec le Directeur de l'Observatoire, toutes les démarches nécessaires pour arriver à la neutralisation des terrains dont il s'agit.

Le Conseil, en effet, n'en réclame pas l'usage pour l'Observatoire; il demande que ces terrains soient, dans l'intérêt de la science, convertis en un square public. Nous sollicitons du Ministre qu'il veuille bien s'occuper de cette importante affaire.

Programme des travaux astronomiques présenté par le Directeur de l'Observatoire de Paris.

RAPPORT *fait au Conseil de l'Observatoire dans la séance du 5 juin 1873,*
par M. le Vice-Amiral **JURIEN DE LA GRAVIÈRE.**

Et adopté à l'unanimité par les Membres présents du Conseil, savoir :

M. LE VERRIER, Membre de l'Institut et du Bureau des Longitudes, Directeur de l'Observatoire, *Président.*

M. BELGRAND, Membre de l'Institut, Inspecteur général des Ponts et Chaussées.

M. DAUBRÉE, Membre de l'Institut, Directeur de l'École des Mines.

M. FIZEAU, Membre de l'Institut.

M. JANSSEN, Membre de l'Institut et du Bureau des Longitudes.

M. le Vice-Amiral JURIEN DE LA GRAVIÈRE, Membre de l'Institut, Directeur général du Dépôt des Cartes et Plans de la Marine, *Rapporteur.*

M. TRESCA, Membre de l'Institut, Sous-Directeur du Conservatoire des Arts et Métiers.

M. WOLF, Astronome à l'Observatoire.

M. LŒWY, Membre de l'Institut et du Bureau des Longitudes, Astronome à l'Observatoire.

M. GAILLOT, Astronome-adjoint à l'Observatoire.

M. RAYET, Astronome-adjoint à l'Observatoire, *Secrétaire.*

MESSIEURS,

Se conformant aux prescriptions de l'article 6 du décret du 13 février 1873, relatif à l'organisation des observatoires de l'État, le Directeur de l'Observatoire de Paris vous a présenté, avec le concert des astronomes attachés à cet établissement, le programme des travaux qu'il se propose d'entreprendre. Vous avez chargé une Commission prise dans le sein du Conseil de vous donner son avis sur l'utilité et sur le degré d'urgence de ces travaux. Cette Commission m'a fait l'honneur de me choisir pour son rapporteur; je viens vous rendre compte du résultat de son examen.

Je constaterai, d'abord, que la Commission a été unanime à vous proposer d'approuver l'ensemble du programme, et à penser qu'il convenait d'associer le Conseil tout entier à la demande des moyens d'exécution. La dotation du service astronomique proprement dit s'élève en Angleterre, pour l'État, sans y comprendre l'Observatoire de Dublin, à plus de 260 000 francs. Le service météorologique, dont les allocations sont distinctes, reçoit, à lui seul, une somme à peu près égale. Mise en regard de ce demi-million consacré par nos voisins à l'étude des phénomènes célestes et à celle des grands mouvements de l'atmosphère, la demande supplémentaire de crédits, introduite par l'Observatoire français, vous paraîtra sans doute bien modeste. Cependant l'examen auquel nous nous sommes livrés nous a convaincus que ces fonds, par l'application judicieuse qui en sera faite, suffiront, quant à présent, pour mettre l'Observatoire de Paris en mesure de garder le haut rang que l'estime universelle du monde savant lui assigne. Je n'entrerai pas dans les détails de la répartition : vous les avez sous les yeux, nettement, clairement, sincèrement exposés. Je me bornerai à insister sur les points qui, dans les progrès de l'Astronomie, intéressent plus particulièrement la sûreté et la rapidité de la navigation.

Lorsque, des deux coordonnées par lesquelles nous fixons la position du navire à la mer, le navigateur devait demander l'une à l'observation de la hauteur méridienne du Soleil, l'autre à l'estime de la route, les déterminations géographiques étaient sujettes à de telles erreurs, que l'on ne peut voir, sans quelque étonnement, la position attribuée, par les cosmographes du XVIe et du XVIIe siècle, aux terres qui venaient d'être récemment découvertes.

La détermination directe de la longitude par l'observation des phénomènes célestes marqua dans la science de la navigation un progrès auquel on ne saurait peut-être comparer, pour la portée de ses conséquences, que l'invention de la boussole.

Pour arriver à cet important résultat, il a suffi de pouvoir établir à un moment donné l'heure exacte du lieu où l'on se trouvait et celle du méridien choisi pour point de départ de la seconde des coordonnées. Que cette connaissance simultanée s'obtienne par le transport du temps ou qu'elle se déduise de l'observation d'un phénomène céleste dont l'instant a été calculé d'avance pour le point zéro des longitudes, toujours est-il que c'est aux travaux des observatoires que le marin en est redevable. La perfection croissante des Tables astronomiques a presque doublé l'exactitude de cette dernière méthode ; la détermination d'un certain nombre de méridiens fondamentaux n'a pas moins contribué que les succès de l'horlogerie à augmenter la précision de la première. Le transport du temps s'opère déjà entre des points de vérification suffisamment rapprochés pour que les causes d'erreurs inhérentes à la marche des chronomètres en soient sensiblement atténuées. On verra ainsi prochainement, les chronomètres eux-mêmes prenant part à l'établissement de nouveaux méridiens fondamentaux, le globe se couvrir d'une sorte de réseau astronomique présentant quelque analogie avec le canevas de triangles que la Géodésie étend peu à peu sur la surface de la Terre.

La Géodésie est une science toute française. C'est la France qui a inauguré les recherches relatives à l'étude de la figure de la Terre. Nos travaux géodésiques vont recevoir une impulsion nouvelle du concours de trois services importants, le Ministère de la Guerre, l'Observatoire de Paris, le Bureau des Longitudes ; mais la Science, quand elle croit avoir atteint les bornes de son domaine, les voit incessamment reculer devant elle ; de nouveaux éléments d'investigation lui ouvrent à chaque instant de nouvelles perspectives sur l'infini.

Telles recherches dont on n'entrevoyait pas même, il y a un siècle, il y a cinquante ans, la possibilité, s'imposent aujourd'hui à tout observatoire de premier ordre. Un observatoire d'un rang aussi élevé que l'est l'Observatoire de Paris ne saurait se dispenser de comprendre dans son programme les études relatives aux problèmes de l'Astronomie physique. Citons entre autres :

L'emploi de la Photographie dans les observations astronomiques.

Appliquée notamment à la production d'images très-parfaites, de véritables cartes du Soleil et de ses taches, de la Lune, des planètes et même des groupes d'étoiles, la Photographie est devenue un instrument d'observation dont on peut attendre de merveilleux résultats.

N'oublions pas la recherche des vitesses de translation dans l'espace des étoiles les plus éloignées de nous par la mesure des petits déplacements des raies spectrales.

C'est encore l'analyse spectrale qui nous fournira des données certaines sur l'existence à la surface des astres de plusieurs des substances qui composent notre globe. Elle nous éclairera sur les divers phénomènes qui accompagnent l'émission de la lumière à la surface du Soleil.

Nous aurons également à nous occuper de ces essaims d'étoiles filantes que la Science a récemment rattachés au passage des comètes dans le voisinage de la Terre.

Enfin nous arriverons peut-être à déterminer le diamètre de certaines étoiles en observant avec soin les franges d'interférence produites, au foyer des lunettes et des télescopes de grandes dimensions, par l'emploi d'un écran percé de deux ouvertures à distances variables.

Ces divers ordres de travaux, nécessités par l'état actuel de la Science exigent manifestement un surcroît de ressources, tant en matériel qu'en personnel.

L'étude des mouvements généraux de l'atmosphère, les avertissements que peut s'en promettre le navigateur touchent de trop près aux intérêts dont je suis ici le représentant pour que je les passe sous silence.

Il me suffira de rappeler la libéralité avec laquelle l'Angleterre a doté ce service. Le chiffre que j'ai cité a son éloquence ; il ne permet pas de révoquer en doute l'utilité de recherches auxquelles un peuple éminemment pratique a voulu assurer de tels moyens d'exécution.

Mais j'ai hâte d'arriver à la partie, sinon la plus sérieuse, du moins la plus connue et la plus généralement appréciée de l'Astronomie : la connaissance des espaces stellaires.

A la fin du xviiie siècle, le célèbre Lalande commençait, à l'aide d'une méthode excellente, une œuvre qui fut pour les astronomes la source de nombreuses et importantes recherches. Activement secondé par son neveu, Michel Lefrançais-Lalande, il explora par zones toute la partie du ciel visible au-dessus de l'horizon de Paris. Les deux astronomes parvinrent ainsi à déterminer avec une grande précision les positions d'environ cinquante mille étoiles comprises entre la première et la neuvième grandeur.

Une pareille entreprise était de nature à éveiller immédiatement l'attention des savants de tous les pays. Les ressources matérielles manquèrent malheureusement aux deux astronomes français. Ils ne purent procéder eux-mêmes à la réduction de leurs observations, et il leur fallut se contenter de les publier à l'état brut dans un ouvrage intitulé : *Histoire céleste*.

Les observations méridiennes, avant de pouvoir servir de base à de nouvelles investigations, ont cependant besoin d'être soumises à deux opérations distinctes : il faut d'abord leur faire subir une première réduction, corriger l'observation des effets de la réfraction, calculer les erreurs provenant d'une orientation imparfaite de l'instrument par rapport au méridien, éliminer enfin toutes les causes locales qui pourraient altérer l'exactitude du résultat.

L'observation originelle ainsi réduite constitue ce qu'on appelle la position apparente de l'astre ; mais ces positions apparentes elles-mêmes ne peuvent pas être utilisées pour les recherches astronomiques. Elles sont, en effet, intimement liées aux positions correspondantes de la Terre, positions qui changent incessamment dans l'espace en vertu des lois de la gravitation universelle. Il faut donc rectifier une seconde fois les observations pour les ramener à une origine commune ; on pourra les considérer alors comme ayant été toutes obtenues à une même époque et dans une même situation de l'orbite terrestre. La série de ces nouvelles rectifications forme ce qu'on est convenu d'appeler la seconde réduction.

La pénurie des ressources attribuées à l'Astronomie française priva nos astronomes de l'honneur de réduire les positions des étoiles observées par les deux Lalande. Il fallut laisser ce soin à des astronomes étrangers, et ce fut l'étranger qui publia le catalogue des astres dont la position originelle avait été déterminée à Paris. Les plus illustres savants de l'Allemagne se sont les premiers mis à l'œuvre. Ils ont préparé des Tables destinées à faciliter les calculs. L'Association britannique est intervenue ensuite ; elle s'est chargée de la publication définitive des observations de Lalande, en y consacrant une somme considérable.

Depuis cette époque, on a vu les astronomes français, jaloux de maintenir les traditions d'un passé glorieux, s'efforcer d'accroître dans une notable mesure la moisson qui leur était léguée par leurs prédécesseurs. C'est de 1837 surtout que date la grande impulsion imprimée aux études astronomiques en France. L'observation quotidienne du ciel, inaugurée alors, n'a pas cessé d'être, à dater de cette année, poursuivie avec la plus grande régularité.

En 1854, l'Observatoire de Paris s'imposa une tâche nouvelle. Il voulut reprendre l'observation des nombreuses zones d'étoiles déterminées par les deux Lalande. La comparaison des résultats modernes et des anciens résultats devait, on le comprend, fournir de précieux éléments pour la solution des problèmes les plus élevés de l'Astronomie sidérale. L'exécution de ce programme constitue à l'heure actuelle un des grands travaux d'ensemble auxquels les astronomes de Paris se livrent sans interruption.

Un demi-siècle d'efforts continus ne pouvait manquer d'accumuler un matériel d'observations considérables ; mais les hommes éminents à la persévérance desquels était dû cet amas de richesses se trouvaient, comme leurs prédécesseurs, exposés à ne pouvoir pas le mettre en œuvre. Malgré les efforts incessants du Directeur actuel de l'Observatoire, cette masse énorme d'observations n'a pu être que partiellement réduite. Les réductions obtenues ont été publiées dans les vingt-trois volumes des *Annales de l'Observatoire de Paris*, et cette publication méritera assurément la reconnaissance du monde savant à l'illustre astronome qui a bien voulu y consacrer sa puissante activité. Mais il n'y a encore pour ces 250 000 positions apparentes d'étoiles fixes, positions acquises au prix de tant de veilles, qu'une réduction d'opérée. Dans l'état actuel de leur détermination, elles ne peuvent servir à l'avancement de l'Astronomie. Cette situation anormale paralyse les efforts de nos savants. J'ajouterai qu'elle nous crée un danger réel, celui d'être encore dépouillés d'un honneur qui nous appartient.

Les lois des mouvements des corps célestes, en effet, ne peuvent se révéler que par la comparaison des positions successives occupées par les astres, et c'est seulement à l'heure de la seconde réduction par la discussion finale de toutes les observations présentes et passées que les résultats nouveaux se dégagent, que les découvertes apparaissent. Il faut donc réserver à nos astronomes la dernière et la plus importante partie de ce grand travail, sous peine de leur voir ravir les fruits de tant de longs et pénibles labeurs.

Pour pouvoir procéder régulièrement à la seconde réduction des travaux de chaque année, il serait nécessaire d'ajouter au budget de l'Observatoire une somme de 10000 francs. Pour exécuter le grand Catalogue au moyen de toutes les observations du passé, un crédit supplémentaire d'environ 15000 francs durant douze années serait indispensable. Que la France fournisse à nos astronomes les moyens matériels; leur zèle, leur aptitude scientifique sont là pour garantir l'emploi qu'ils feront de ces sages libéralités. Ils élèveront à la Science, je ne crois pas qu'il soit permis d'en douter, un monument dont notre pays aura à jamais le droit d'être fier.

857 PARIS. — IMPRIMERIE DE GAUTHIER-VILLARS, SUCCESSEUR DE MALLET-BACHELIER,
Quai des Augustins, 55.

www.ingramcontent.com/pod-product-compliance
Lightning Source LLC
LaVergne TN
LVHW050649060726
842527LV00004B/1559